# Prüfung
der
# Papier-Rohstoffe

Von

Paul Ernst Altmann

Papierfabrikations-Ingenieur

Mit 4 Abbildungen im Text

BERLIN W
VERLAG VON M. KRAYN
1913

LOUIS BORCHARDT
BERLIN SW. 68
LINDENSTRASSE 16-17.

# Inhalt.

# Vorwort.

Es liegt in meiner Absicht, entsprechend dem Werke „Papierprüfung von Herzberg“, ein Längeres über Prüfung der Papierrohstoffe und Betriebsmaterialien zu schreiben. Ich glaube, damit eine Lücke auszufüllen, wie sie in unserer bisherigen Literatur besteht, zumal die sonst beliebten Papierkalender nur allgemeine und nicht immer verständliche, jedenfalls aber schwieriger durchzuführende Untersuchungsmethoden bringen.

Bei allen im folgenden beschriebenen Untersuchungen und Analysen sind von vielen die einfachsten und dabei am sichersten zum Resultat führenden beschrieben, wie ich selbst erprobt habe.

Dresden, im Dezember 1912.

**Der Verfasser.**

# I. Wasser und Bleiche.

Der wichtigste Rohstoff der Papierfabrikation ist das Wasser. Jedes Wasser enthält außer Kalkstoffen usw. auch Eisen, bald mehr, bald weniger. Das im Holzstoff enthaltene Eisen ist meistens auf seinen Wassergehalt zurückzuführen, und in diesem, wie auch im fertigen Papier, läßt sich Eisen auf dieselbe Weise wie im Wasser nachweisen.

Um Wasser auf Eisen zu prüfen, nehme ich davon 200 ccm, dampfe bis auf die Hälfte ein und füge etwas chemisch reine Schwefelsäure hinzu; sodann nehme ich gelbes Blutlaugensalz — das sind gelbe Kristalle — und löse sie in destilliertem heißen Wasser auf. Von dieser Lösung halte man stets einen gewissen Vorrat, man wird sie oft brauchen. Setze ich nun dem mit Schwefelsäure angesäuerten Wasser etwas Blutlaugenlösung zu, so wird sich bald ein Niederschlag bilden, dessen blaue Farbe keinen Zweifel am Vorhandensein von Eisen läßt. Je nach der Tiefe der Farbe, vom hellsten Himmelblau bis zum tiefsten ins Meergrüne spielenden Blau, kann man die Menge des vorhandenen Eisens abschätzen.

Bei Prüfung von anderen, mit Wasser in Berührung gekommenen Rohstoffen, wie Holzstoff, Papier, allen geschlemmten Erden, Talkum, Asbestine usw., verfährt man ähnlich, indem man diese mit einer Lösung von schwach mit reiner Schwefelsäure angesäuertem destillierten Wasser bestreicht resp. aufschlemmt und gelbes Blutlaugensalz in Lösung hinzusetzt. (Beim Ansäuren des Wassers mit Schwefelsäure achte man stets darauf, die Säure in das Wasser zu schütten, nie umgekehrt. Vorsicht.)

Bei dieser Prüfung spielt sich folgender Vorgang ab:

$$H_2SO_4 + Fe = \frac{FeSO_4}{\text{Eisenvitriol}} + 2\,H.$$

Der chemische Vorgang, welcher sich beim Aufeinanderwirken von Eisenverbindungen mit Schwefelsäure und gelbem Blutlaugensalz abspielt und zur Blaufärbung führt, ist ungefähr derselbe, den die Farbenindustrie seit altersher benutzte, um aus Eisenvitriol und gelbem Blutlaugensalz Berliner Blau herzustellen.

Wasser kann außer Eisen auch Kalk und Magnesiaverbindungen enthalten, die das Wasser hart machen; man macht es weich, indem man durch Kochen den in Lösung befindlichen Kalk frei macht.

In der großen Industrie kann man dies durch Zusatz von Soda erreichen.

Als Maßstab für die Härte des Wassers hat man Härtegrade aufgestellt. Ein Härtegrad bedeutet 1 cg Calciumoxyd (CaO) in 1 l Wasser. Das Wasser gilt als hart bei etwa 12 Härtegraden und darüber, als weich bei 3 und weniger Härtegraden.

Um Wasser auf seinen Härtegrad zu prüfen, nehme ich davon 200 ccm, färbe es mit 2 Tropfen Metylorange und titriere mit $^1/_{10}$ N.-Salzsäure. (Eine $^1/_{10}$ N.-Salzsäure wird aus der Normal-Salzsäure bereitet. Das sind 36,36 g Säure im Liter. Ich mische 160,44 ccm Salzsäure mit 839,56 ccm ($H_2O$), das ist die N.-Salzsäure. Davon 10 ccm in 1 l dest. Wasser = $^1/_{10}$ Normal-Salzsäure).

Man titriere solange, bis die durch einen Tropfen entstehende Rötung stehen bleibt. Zur Berechnung multipliziere ich die Anzahl der verbrauchten ccm $^1/_{10}$ N.-Salzsäure mit 1,4. Z. B. es sind 9 ccm verbraucht, so ist der Härtegrad 9 × 1,4 = 12,6. Solches Wasser ist als hart zu bezeichnen und müßte, ehe es z. B. als Kesselspeisewasser benutzt wird, durch einen Kalk-Soda-Apparat weich gemacht werden.

## Kalk.

100 g Kalk werden in einem $^1/_2$ l-Kolben mit wenig destilliertem Wasser gelöscht, sodann destilliertes Wasser aufgefüllt bis zur Marke. — Vorsicht beim Löschen! — Davon 100 ccm in eine Pipette gesaugt, in einem 1 l-Kolben bis zur Marke verdünnt; davon 50 ccm mit einigen Tropfen Phenolphtalein gefärbt und mit $^1/_{10}$ N.-Salzsäure titriert bis zur Rötung. Ist n die Anzahl der verbrauchten ccm $^1/_{10}$ N.-Salzsäure, so ist

$$n \times 2{,}8 = CaO \text{ in Prozenten.}$$

Guter Kalk enthält 60—90% Calciumoxyd (CaO).

S a n d i m K a l k. Man nehme 10 g gepulverten Kalk in eine Porzellanschale, gieße Salzsäure darauf und dampfe ein bis zur Trockne; darauf gieße wieder v e r d ü n n t e Salzsäure, filtriere und wiege die Rückstände.

## Chlorkalk.

Chlorkalk wird mit 110—115° (Gay-Lyssac) gehandelt, das Liter mit 34,5—36,5% Gehalt an wirksamen Chlor. Von einer frischen Chlorkalkladung bohre man eine Reihe Fässer an und ziehe mit einem längeren Löffelbohrer, der bis auf den Grund des Fasses reicht, etwas Chlorkalk heraus. Man bedecke ihn gut und untersuche sofort, bevor er lange dem Sonnenlicht ausgesetzt ist.

Man nehme von dem gut durchgerührten Chlorkalk, in welchem alle Knoten gut zerdrückt sein müssen, da in ihnen der meiste Chlorkalk sitzt, 10 g und löse ihn in einer Schüttelflasche — erst mit wenig Wasser — zu einem Brei. Dann verdünne man diesen bis auf 1 l genau. Von dieser milchigen Flüssigkeit nehme man mit einer Pipette 100 ccm und füge 25 ccm einer stets dazu vorrätig zu haltenden Lösung von 50 g Jodkalium in 500 ccm Wasser hinzu; rühre etwas frischbereiteten Stärkekleister und solange Salzsäure hinzu, bis sich blaues Lackmuspapier rötet. Diese entstandene braune Flüssigkeit titriere ich mit Normal unterschwefligsaurem Natron (Natrium-Thiosulfat) solange, bis eine bleibende Blaufärbung eintritt. Die verbrauchten ccm unterschwefligsauren Natrons $\times$ 0,35 ergeben direkt den Prozentgehalt an Chlor! Die Normallösung enthält in 1 l Wasser 24,76 g unterschwefligsaures Natron.

Einfacher erscheint vielleicht noch folgende Methode:

7,1 g Chlor werden im Mörser zerrieben, erst mit wenig Wasser zu einem Brei verrührt, dann mehr und bis zu 1 l verdünnt. Davon 50 ccm = 0,355 g im Becherglas mit $^1/_{10}$ Normal alkalischer Arsenlösung titrieren (in Drogerie machen lassen), bis Titreverbrauch etwa 33. Dann 1 Tropfen des Titrats (im Becherglase) auf ein Stück Jodkalium-Stärkepapier gebracht; es entsteht ein blauer Fleck. Ich titriere nun solange, bis k e i n blauer Fleck mehr entsteht. Jedes verbrauchte ccm Arsen = % Chlor.

**Prüfung von Braunstein** (zur Chlorgasbereitung gebraucht).

Braunstein wird fein gepulvert und davon trocken 0,436 g abgewogen; in die Vorlage a hinein; und 20 ccm reine Salzsäure hinzu; vorher fülle man in das Gefäß b

60—75 ccm Normal-Jodkalium-Lösung (1 l Wasser auf 33,2 g Jodkalium). Setze die Flamme unter a; erhitze bis zur Gelbfärbung. Die Jodkalium-Lösung färbt sich rot bis bordeauxfarbig; es scheidet sich freies Jod aus. Dieses wird mit Normal unterschwefligsaurem Natron titriert. Die Jodkalium-Lösung wird vorher mit

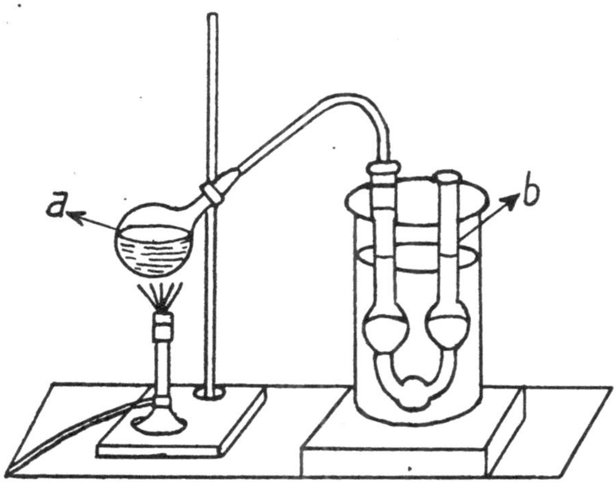


Abb. 1.

Stärke blau gefärbt. Titriert bis zur Entfärbung. Multipliziert mit 10 = % an wirksamen Chlor.

Andere Säuren werden meist nur mit Hilfe des Aräometers geprüft. Salzsäure (HCl) hat gewöhnlich 20—21° Bé (Beaumé) und sollte nicht mehr wie 1% Schwefelsäure enthalten. Salpetersäure ($HNO_3$) hat 36—37° Bé; engl. Schwefelsäure 66° Bé. Zur Prüfung auf vorhandene Schwefelsäure in Oelen, Erden, Petroleum u. a. versetze ich das in Wasser gelöste Material mit einigen Tropfen Salzsäure und füge eine Chlorbaryumlösung hinzu. Bei Vorhandensein von Schwefelsäure entsteht eine Trübung resp. ein weißer Niederschlag.

Zur Prüfung auf G i p s versetze ich das von Wasser gelöste Rohmaterial mit Weingeist (Alkohol $C_2H_5OH$). Trübt sich die Flüssigkeit, so ist Gips vorhanden. (Die als Füllstoff verwendete „Asbestine“ ist hiervon ausgeschlossen.)

---

# II. Leimung.

## Soda.

30 g gut entnommene Soda löse man in 500 ccm destilliertem Wasser (möglichst warm), nehme davon 50 ccm in ein Schälchen und tropfe 2 Tropfen Metylorangelösung hinzu, wodurch sich die Flüssigkeit g e l b färbt. Hierauf titriere ich mit $^1/_{10}$ N.-Schwefelsäure (Normal-Schwefelsäure enthält 48,91 g Säure in 1 Liter; $^1/_{10}$ N.-Schwefelsäure also 4,89 g), bis die gelbe Farbe in r o s a umschlägt. Der Gehalt an kohlensaurem Natron ist $\frac{n \times 5{,}3}{p}$ in Prozenten, wobei n die verbrauchten ccm $^1/_{10}$ Normal-Schwefelsäure, p = Gewicht der Probe in g (hier also = 30) bedeutet.

Eine noch einfachere Methode ist folgende: 5,3 g Soda werden in 1 l Wasser gelöst. Davon 50 ccm genommen, mit Metylorange gefärbt, und mit $^1/_{10}$ N.-Schwefelsäure von gelb auf rosa titriert. Der Titrierstand, multipliziert $\times$ 2, gibt den Sodagehalt in Prozenten an.

Heute gehandelte Soda enthält 90—98% Soda ($Na_2CO_3$).

## Harz.

Harz soll schon äußerlich hell und durchscheinend sein, beim Zerbrechen soll die Bruchfläche muschelartig spiegeln. Amerikanisches Harz zeigt dies mehr wie das französische. Dunkles Harz deutet auf unverseifbare Pflanzenstoffe und Gummi hin.

Um grobe Verunreinigungen, die höchstens 3% betragen sollen, nachzuweisen, löse man ein bestimmtes Quantum Harz in absolutem Alkohol und lasse absetzen. Die Unreinheiten, meistens schwarze Körnchen und Sand, fallen zu Boden, werden durch ein Filter mit Alkohol nachgewaschen und prozentual bestimmt.

Um die Säure- oder Verseifungszahl des Harzes festzustellen, löse man 2 g feinst gepulvertes Harz in Alkohol, setze 2 Tropfen Phenolphtalein-Lösung hinzu und titriere mit $^1/_{10}$ Normal alkaholischer Natronlauge. ($^1/_{10}$ N.-Natronlauge enthält 4 g Aetznatron.)

Bedeutet dann:

a = die verbrauchten ccm Natronlauge,

p = das Gewicht der Harzprobe in g (hier also = 2),

x = die gesuchte Säurezahl,

so ist

$$x = \frac{a}{p} \cdot 0{,}4.$$

Die Säurezahl gibt an, wieviel g Aetznatron nötig sind, um 100 g Harz zu verseifen. Da die Säurezahl der reinen Sylvinsäure = 13,2 ist, so ist ein Harz um so reiner, je mehr sich seine Säurezahl der 13,2 nähert.

### Harzseife.

Man wiege 5,3 g Seife auf der chemischen Wage ab und löse sie in 200 ccm reinem, bis auf 75° C erwärmtem Wasser. Man behalte beim Erwärmen das Thermometer in der Hand und beobachte genau die Temperatur. Sie darf nicht unter 70° C und nicht über 80° C sein!

In diesem Wasser löse man die 5,3 g Harzseife schnell unter stetem Rühren, lasse dann erkalten und den Schaum absetzen, und gieße sie dann vorsichtig in einen sogenannten Scheidetrichter, ein birnförmiges Glasgefäß mit langem, durch einen Hahn verschließbarem Stiel. Mit Hilfe des Schließhahnes kann man zwei Flüssigkeiten, die sich im Scheidetrichter voneinander geschieden haben, trennen. Der Hahn sowie der obere Stöpsel zum Verschließen des Gefäßes sind vor Gebrauch jedesmal mit etwas Fett einzureiben.

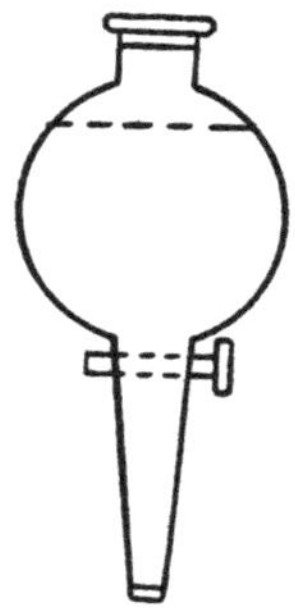

Abb. 2.

Zu der Harzmilch, aber erst dann, wenn sie ganz erkaltet ist, gieße man vorsichtig 100 ccm Aether und schüttle erst wenig, dann mehr um. Nach jedem Schütteln lüfte man den oberen Stöpsel etwas, um die kohlensauren Gase herauszulassen. Macht man dies nicht vorsichtig, so fliegt der Glasstöpsel von selbst heraus und der Aether kann leicht explodieren; auch sollten wegen der Feuergefährlichkeit des Aethers solche Operationen nicht in der Nähe offener Flammen vorgenommen werden!

Man schüttle solange, bis beim Anheben des Stöpsels keine Luft mehr mit Zischen entweicht. Dann setze man den Scheidetrichter ruhig in ein Stativ und überlasse für 8—10 Stunden die Flüssigkeit sich selbst. Am besten läßt man sie über Nacht stehen. Es haben sich dann zwei schon durch ihre Farbe unterscheidende Flüssigkeiten voneinander geschieden, übereinanderstehend; eine weißliche, dicke Masse oben, eine trübgelbe unten. Letztere lasse ich durch den Hahn abfließen und gieße sie fort. Der Hahn ist rechtzeitig wieder zu schließen. Die gelbe Flüssigkeit enthält nämlich das mit der Soda in Verbindung gegangene Harz und ist für unsere Untersuchung unnütz, da wir zunächst nur das Freiharz feststellen wollen.

Die obere, weiß schleimige Masse, die das freie Harz enthält, lasse man in eine vorher genau abgewogene Porzellanschale fließen, die ausgeglüht oder glasiert, aber nicht zu flach ist. Die Reste aus dem Scheidetrichter spüle man mit Aether nach. Dann setze man die Schale auf ein Wasserbad, einem großen Abdampftopf mit kochendem Wasser, der soweit mit konzentrischen Ringen geschlossen wird, daß die Schale mit der schleimigen Masse beim Einsetzen die bleibende Oeffnung verschließt. Durch den Wasserdampf soll zunächst der in dem Freiharz enthaltene Aether verdampft werden. Macht man dies nicht vorsichtig oder kommt sonst die Flamme auch nur durch Luftzug oder dergleichen mit dem Aether in Berührung, so entzündet sich dieser und läßt sich nicht löschen. Dabei verbrennt dann viel Freiharz, und die Untersuchung ist mißglückt.

Man dampfe solange auf dem Wasserbade ein, bis sich weißer Schaum bildet, das beste Zeichen, daß der Aether verdunstet ist. Dann kann man die Schale ruhig auf offenes Feuer bringen, d. h. unter einen Benzin- oder Bunsenbrenner, um das mit dem Freiharz verbundene Wasser zu verdampfen, bis sich reines Harz in Bernsteinfarbe zeigt. Ist ganz trocken eingedampft, was sich durch Aufhören des „Prutzelns“ kundgibt, so lasse ich die Schale erkalten und wiege ab. Nach Abzug des Gewichtes der Schale erhält man prozentual 5,3 g (da 5,3 g Harzseife verwendet), die Menge des freien Harzes.

Um das Gesamt-Harz und die Soda zu bestimmen, wiege man wieder 5,3 g Harzseife ab, löse es, wie oben, in 200 ccm Wasser bei 70—80 ° C, lasse erkalten und den Schaum absetzen. Dann lasse man tropfenweise 66 ° tige Schwefelsäure so lange in die Harzmilch, bis saure Reaktion eintritt, d. h. bis sich blaues Lackmuspapier rot färbt. Meistens genügt 1/2 ccm Schwefelsäure dazu. Man hüte sich vor Ueberschuß, der später nur Schwierigkeiten verursacht.

Durch die Schwefelsäure wird das in der Milch enthaltene Harz in Klumpen ausgeschieden, wie beim Fällen mit Alaun. Die Harzklumpen werden gelöst durch Zugabe von 100 ccm Aether und Umrühren. Diese Lösung gieße man nun in den Scheidetrichter.

Das Trennen der beiden Flüssigkeiten dauert nach ordentlichem Durchschütteln nicht so lange wie bei der ersten Untersuchung. Man schüttelt solange, bis die untere trübe Flüssigkeit die Farbe von Milchglas angenommen, und hat dann wieder zwei Schichten; die obere, honiggelbe, ist das Gesamtharz, die untere, milchglasähnliche, die Soda.

Man lasse im Scheidetrichter etwa 1/2 Stunde stehen und trenne durch den Hahn beide Flüssigkeiten voneinander in vorher abgewogene Schälchen.

Das Gesamtharz wird erst wieder auf dem Wasserbade vom Aether befreit und dann eingedampft.

Die Soda kann man auf offene Flamme stellen. Das Wasser verdampft sehr langsam, da erst die Kohlensäure entweicht. Die Masse färbt sich gelb, und schließlich bildet sich ein schwarzer Schaum, der in übel und scharf riechendem Rauch übergeht, das ist die verdampfende Schwefelsäure. Nach etwa 10 Minuten hört der Rauch auf und eine harte, weißlich gefärbte körnige Masse bleibt zurück, die man nach Erkalten der Schale als Soda, wie oben, prozentual bestimmt.

## **Schwefelsaure Tonerde** (Alaun).

Streng genommen, muß man zwischen schwefelsaurer Tonerde und Alaun unterscheiden. Was heute in Papierfabriken zum Leimen verwendet wird, ist meistens schwefelsaure Tonerde. Alaun wird nur zu besten und feinsten Papieren verwendet, nur faßweise bezogen und ist schneeweiß, ohne jede Spur von Eisen. Bei schwefelsaurer Tonerde unterscheidet man zwischen eisenhaltiger und eisenfreier Ware. Erstere soll höchstens 0,5% Eisen, letztere nur Hundertstel von Prozenten an Eisen enthalten.

Die wichtigste Prüfung bei schwefelsaurer Tonerde ist die auf Eisengehalt. Man muß hier anders verfahren als bei den früher erwähnten Eisenanalysen.

Man zerpulvert die sorgfältigst aus verschiedenen Säcken entnommene schwefelsaure Tonerde und siebt sie. Zur Untersuchung dürfen keine Knollen genommen werden. 10 g gepulverte Tonerde löst man in stark mit Wasser verdünnter Schwefelsäure und dampft ein, bis die Schwefelsäure anfängt zu verdampfen. Man erkennt dies am schwärzlich aufsteigenden Rauch. Diese eingedampfte Flüssigkeit wird wieder mit Wasser verdünnt und ein Stück metallisches Zink hineingeworfen, bis bei der nun folgenden Wasserstoffentwicklung die gelbliche Färbung der schwefelsauren Tonerde in Weiß übergegangen ist; dann kann man das Zink wieder herausnehmen.

Diese Flüssigkeit titriert man mit $^1/_{10}$ N.-Kalium-Permanganatlösung, bis die auftretende r ö t l i c h e

Färbung der Alaunlösung stehen bleibt.

Die $^1/_{10}$ N.-Kalium-Permanganatlösung stellt man her, indem man genau 3,162 g übermangansaures Kali in 1 l destilliertem Wasser löst.

Bedeutet:

S = Gewicht der gewonnenen schwefelsauren Tonerde (hier also = 10),

P = die Anzahl der verbrauchten ccm Kal.-Permang. beim titrieren,

so ist:

$$\frac{0{,}008 \times P \times 100}{S} = \% \text{ Eisen in der schwefelsauren Tonerde.}$$

Diese Reaktion verläuft folgendermaßen:

$$Fe + H_2SO_4 = FeSO_4 + 2\ H.$$
$$FeSO_4 + Zn = ZnSO_4 + Fe.$$

Solange nämlich freies Eisen vorhanden ist, wird die rote Farbe des sehr empfindlichen Kalium-Permanganat zerstört.

Um schwefelsaure Tonerde auf freie Säure zu prüfen, löse man 50 g gepulverte Masse davon in heißem Wasser, entnehme 10 ccm und schüttle in einem Kolben mit 250 ccm destilliertem Wasser durch. Diese Flüssigkeit wird mit einigen Tropfen Metylorange gefärbt und mit $^1/_{10}$ N.-Natronlauge (4 g Aetznatron auf 1 l dest. Wasser) titriert, bis die rote Farbe in gelb übergeht.

Ist n = Anzahl der verbrauchten ccm, so ist:

$$0{,}049 \times n \times 2 = \text{Prozente freier Säure.}$$

Um den wirklichen Gehalt an Tonerde (wasserfreihe) festzustellen, nehme 20 g best gesiebte, fülle sie in einen vorher gewogenen Platintiegel und stelle diesen über den Bunsenbrenner. Man erhitze erst langsam, da die Masse aufquillt, dann mehr bis zur Rotglut und bis man an dem Geruch erkennt, daß Schwefelsäure verdampft. Dies dauert 25—30 Minuten.

Sofort bringe man jetzt den Platintiegel in einen Exsiccator, ein mit Chlorcalcium zum Austrocknen gefülltes, verschlossenes Glasgefäß, und lasse hernach erkalten. Wiegt man schnell ab, da die ausgeglühte Tonerde begierig Wasser aus der Luft anzieht, so erhält man in Prozenten den Gehalt an wirksamer schwefelsaurer Tonerde.

## III. Füllstoffe.

Bei allen Erden, China Clay, Caolin, Asbestine, Annaline, Talkum, Blanc fixe usw., erstreckt sich die Untersuchung zunächst auf die höchste Weiße, die man am besten gegen ein Standart-Muster vergleicht, oder indem man die Masse zerreibt und auf sehr weißes Papier bringt. Auch kann man an einer mittels des Taschenmessers hergestellten Schnittfläche und Polieren dieser mit dem Fingernagel erkennen, ob die Erde sandfrei ist.

Sodann ist Prüfung auf Eisen nötig. Man löst etwas Erde im Reagensglase in destilliertem Wasser und nimmt die bekannte Eisenprobe mit Schwefelsäure und gelbem Blutlaugensalz vor. Zur Untersuchung auf Beimischungen von Gips versetzt man das im Wasser gelöste Muster mit etwas Alkohol, dessen Trübung Gips anzeigt.

Zur Prüfung auf andere Verunreinigungen, wie Sand, Glimmer, unlöslichen Kalk usw., bedient man sich der nebenstehend skizzierten Flasche mit unterem Tubus. In die Flasche schütte man genau abgewogene

10 g der zu prüfenden Erde, schließe Rohr a mit einem Schlauch an die Wasserleitung an und lasse Wasser unter gelindem Druck einströmen. Sobald die Flasche bis zur oberen punktierten Linie gefüllt ist, fließt dieses so mit Erde gemischte Wasser aus Rohr b heraus. Die Flasche kann je nach Bedarf auch geschüttelt werden. Die Sand und Glimmerkörper können infolge ihrer

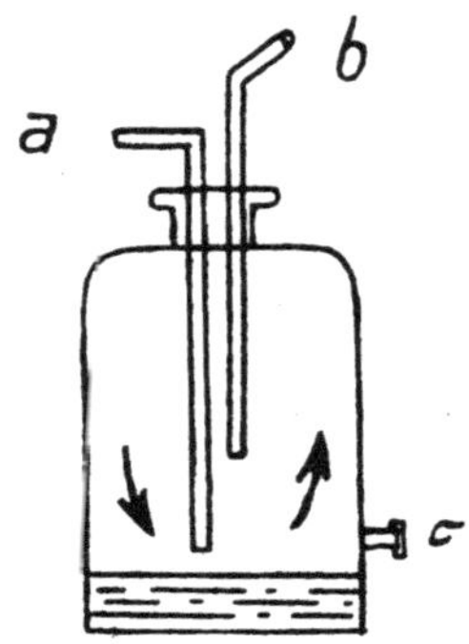


Abb. 3.

Schwere nicht mit heraus, wenn die Flasche genügend groß gewählt ist, etwa 3—5 l.

Nach Herausziehen des oberen durchbrochenen Gummistöpsels mit den Glasröhren schüttle man die Flasche öfters um und schlemme solange Erde heraus, bis das Wasser aus b völlig klar abfließt. Aller Sand und Glimmer liegt dann am Boden der Flasche. Nachdem man reichlich $^2/_3$ des in der Flasche befindlichen Wassers abgegossen, öffne man den unteren, durch einen Gummipfropfen fest verschlossenen Tubus c und fange den Inhalt in einem Glasgefäß auf.

Man lasse absitzen, filtriere, wäge und bestimme prozentual.

Die fetteste Erde ist wohl Talkum und auch am weißesten. Um den Fettgehalt, der etwa 0,3% beträgt, zu bestimmen, schüttle ich Talkum im Scheidetrichter mit Wasser und Alkohol aus und setze etwas Aether hinzu. Das Fett schwimmt dann oben, kann abgehoben und gewogen werden. Aetherextraktionsapparate sind zu solchen einfachen Untersuchungen viel zu umständlich.

Stärke. Zunächst prüfe man auf Wassergehalt, der, wie bei Blanc fixe, nicht über 20% betragen sollte! Aschengehalt nicht über 1%. Die Bestimmung dieses ist sehr langwierig, da sich anfangs eine schwarze, sehr schwer schmelzende Kruste bildet.

---

# IV. Oele.

Maschinenöl, Dynamoöl, Transmissionsöl, Zylinderöl, Rüböl, Petroleum usw. prüft man gewöhnlich nach vier Richtungen: Spezifisches Gewicht, Viskosität, Flammpunkt, Brennpunkt.

Ehe man diese Untersuchungen ausführt, kann man noch auf etwaigen Gehalt an Schwefelsäure prüfen, die beim Raffinieren zurückgeblieben und den Maschinen bei Verwertung der Oele sehr gefährlich werden kann.

Ich schüttle dazu etwas Oel im Scheidetrichter mit Wasser aus, ziehe das Wasser ab und versetze es mit einigen Tropfen Baryum-Chloridlösung. Bei Anwesenheit von Schwefelsäure tritt Trübung ein.

Rüböl und alle pflanzlichen und tierischen Oele prüft man auf Verfälschung und Verschnitt mit Mineralölen, indem man diese mit einer Lösung von Pykrinsäure in Benzol mischt. Bei vorhandenem Mineralöl tritt eine Rötung von Blut- oder Kirschrot ein.

Zur Festellung des spezifischen Gewichtes gieße ich Oel in einen Glaszylinder und senke einen Oel-Aräometer hinein, auf dessen Skala ich direkt das spezifische Gewicht ablesen kann.

Viscosität bedeutet Zähflüssigkeit oder Kohäsion. Dazu bedarf es eines Oelprüfungsapparates, deren es viele Arten gibt. Das Oel soll hier mit einem Englerschen Viscosimeter geprüft werden. Genau 200 ccm werden in einen Behälter gegossen, der unten eine enge Ausflußöffnung hat, die von oben durch einen spitzen Holzpflock sofort geöffnet und geschlossen werden kann. Dies ist der Viscosimeter. Mit Hilfe einer Stechuhr wird nun von einer bestimmten Menge Oel bei bestimmter Temperatur (20 oder 50° C) die Auslaufszeit in Sekunden gemessen und im Verhältnis zur Auslaufszeit derselben Menge Wasser berechnet. Beträgt z. B. die Auslaufszeit von 200 ccm Wasser = 56 Sekunden, die von einem Oel = 728 Sekunden, so ist die Viscosität des Oeles 56 : 728 = 13.

Den Flammpunkt findet man durch Erhitzen von Oel in einer Schale, etwa $^2/_3$ voll, bis eine darüber gehaltene Flamme in Form einer kleinen Spirituslampe durch ein eigentümliches Knistern, Aufflackern das Entflammen des Oeles anzeigt. Das zur Ablesung und Beobachtung nötige Thermometer (bis 400° C zeigend) hänge man vermittels einer Vorrichtung senkrecht in das Oel hinein. Erhitzt man nach dem „Knistern“ noch weiter, bis die Flamme aus dem Oel schlägt, dieses also brennt, so kann man sofort den „Brennpunkt“ ablesen.

Bei Rüböl kommt es außer auf Verfälschungen mit Schwefelsäure oder Mineralöl meist auf die längste Brenndauer an. 100 ccm gutes Rüböl sollen 5—6 Std. brennen ohne zu blaken.

Nachstehend einige Daten über obige Oele:

| | Spezifisches Gewicht | Viscosität | Flammpunkt | Brennpunkt* |
|---|---|---|---|---|
| Maschinenöl . . . | 0,950 | 10,5 | 202° C | 226 – 290 |
| Dynamoöl . . . . | 0,920 | 17 | 201 | 227 |
| Transmissionsöl . | 0,891–0,895 | 7,60 – 6,56 | 192 – 201 | 211 – 215 |
| Rüböl . . . . . . . | 0,913–0,915 | 6,57 – 7,19 | 278 – 283 | 345 |
| Zylinderöl . . . . | 0,922 | 30,38 | 262 – 290 | 290 – 330 |
| Valvoline . . . . . | 0,958 | 56,5 | 260 | 295 |
| Tovote-Fett . . . . | Fließpunkt 85/86° C | Wasser 0,5 % | Asche 1,8 % | Kalkseife 7,9 % |
| Schmierseife . . . | Fettsäure 40 – 50 % | Ges. Rückstand 4 – 8 % | Asche 3 – 5 % | Wasser u. Glyzerin 38 – 45 % |
| Zylinderöl f. überhitzten Dampf . | 0,903 | 41 | 300° | 351 |

Petroleum prüft man auf Schwefelsäure wie oben beschrieben; gutes Petroleum hat schon äußerlich einen bläulichen Schimmer.

Flammpunkt: 22—25° C; Brennpunkt 25—31° C.

Um in Petroleum auch einzelne Sorten, wie amerikanisches, österreichisches, russisches u. a., unterscheiden zu können, verfährt man folgendermaßen:

In einen Glaszylinder mit Glasstöpsel tut man gleiche Teile reine Salpetersäure und Petroleum und schüttelt $^1/_2$ Minute um. Reines amerikanisches Petroleum färbt sich dabei violett, während die untere Schicht, die Säure, eine gelbe Färbung bekommt. Oesterreichisches, galizisches und russisches Petroleum färbt sich gelb, die Säure braun.

Bei Gemischen letzterer Petroleumsorten mit amerikanischen färbt sich das Ganze zuerst schwach violett und schlägt nach längerem Schütteln (20 Sekunden) plötzlich in gelb über. Diese Reaktion ist so empfindlich, daß schon 10% österreichischen Petroleums in amerikanischem nachgewiesen werden können. Die Daten sind bei den Oelen sehr verschieden und schwanken wohl auch bei wechselnden Umständen. Der Wert der analytischen Zahlen ist nicht unbestritten. Man kann nämlich aus den Zahlen der Viscosität, des Flamm- und Brennpunktes der Oele, nicht immer ohne weiteres auf ihre Schmierfähigkeit und den Oelverbrauch schließen. Denn es ist Tatsache, daß die billigsten, unfiltrierten Zylinderöle die besten analytischen Zahlen aufweisen.

Viscosität bedeutet nicht etwa Schmierfähigkeit, auch nicht Schlüpfrigkeit, sondern Zähflüssigkeit (Kohäsion), wie sich ja auch aus der Prüfung vermittels des Viscosimeters ergibt. Je unreiner ein Oel ist, je mehr klebrige, teer- und asphaltartige Bestandteile es enthält, desto höher werden auch die Viscositätsgrade sein; also die schlechter gereinigten Oele werden höhere analytische Zahlen im Viscosimeter ergeben.

Aehnlich verhält es sich mit den Flamm- und Brennpunkten. Je größer der Gehalt an asphaltartigen, klebrigen Stoffen, welche die Reibung vergrößern, desto höher liegt der Flamm- und Brennpunkt.

Jedenfalls sind diese Zahlen „an sich“ nicht immer ein Maßstab für die Güte und den wirtschaftlichen Wert des Oeles.

Trotzdem sollten große Fabriken mit eigenem Laboratorium stets wenigstens den Flammpunkt des jeweilegen Oeles festellen lassen, da dieser jedenfalls der wichtigste Faktor ist.

---

## V. Schwefelkiese.

Schwefelkies wird nach Schwefeleinheiten gehandelt und verkauft. Er enthält 47—50% Schwefel.

Der Rest ist Eisen, Antimon, Blei und Kupfer, Zink und Spuren von Arsen. Maßgebend für die Berechnung ist das Mittel des von beiden Parteien, des Käufers und des Verkäufers, gefundenen Wertes an Schwefel und Feuchtigkeit. Von den zur Untersuchung kommenden Kiesen wird zu-

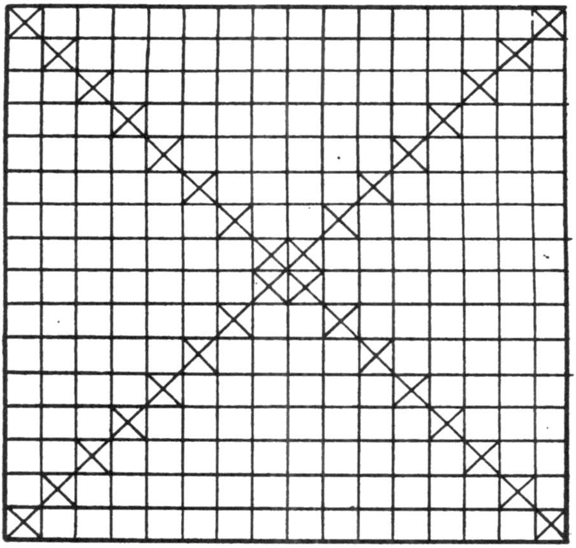

Abb. 4.

nächst ein feinst gepulvertes Durchschnittsmuster in der Weise entnommen, daß man davon etwa 1 kg auf einer ebenen Fläche ausbreitet. Dann verfährt man ebenso wie bei einer Kohlenuntersuchung, d. h. man teilt die ausgebreitete Masse in kleine Quadrate und nimmt aus je einem Quadrat der Diagonale, wie x bezeichnet, etwas Kies heraus. Diese so entnommene Probe breitet man wieder aus und verfährt wie oben, bis etwa noch 50 g übrig bleiben. Dann kann man die Gewißheit haben, ein genaues Durchschnittsmuster gewonnen zu haben.

Diesem entnimmt man das zur Untersuchung nötige $^1/_2$ g, welches auf einer vorher genau registrierten chemischen Wage abgewogen wird. Dieses $^1/_2$ g Schwefelkies schütte man vorsichtig mit Zuhilfenahme eines weichen Pinsels in einen Platinatiegel, der mindestens 50 mm hoch sein muß, bei einem oberen Durchmesser von 45 mm. — Einen Porzellantiegel, auch vom besten, unglasierten Ton zu benutzen, ist falsch. Er platzt leicht bei weiterer Behandlung und ist höchstens für eine Analyse zu gebrauchen.

Zu dem Kiese im Platintiegel gebe man 10 ccm einer Mischung von 150 ccm Salpetersäure und 50 ccm konzentrierter Salzsäure. Diese scharf rauchende, ätzende und mit Vorsicht zu gebrauchende Lösung halte man für Kiesuntersuchungen stets vorrätig. Man erhitze nun langsam über schwach brennendem Bunsenbrenner; Benutzung des Wasserbades ist nicht nötig. Bei einem Aufbrausen der Flüssigkeit ist sehr darauf zu achten, daß sie nicht überläuft, und man entferne in solchem Falle die Flamme sofort. Um dem so aufgeschlossenen Schwefel die Salpetersäure wieder zu entziehen, setze ich der eingetrockneten Substanz 5 ccm konzentrierte, chemisch reine Salzsäure hinzu und dampfe wieder ein. Ich wiederhole dies nochmals mit Zusatz von 1 ccm Salzsäure, wie oben. Es dürfen hierbei keinerlei üble Gerüche und Dämpfe mehr entstehen, sonst muß das Zugeben und Eindampfen der Salzsäure weiter fortgesetzt werden.

Diese eingetrocknete Masse übergieße man mit heißem Wasser und filtriere, am besten durch ein Faltenfilter und großem Trichter. Die großen Faltenfilter (Schleicher & Schüll, Düren) haben den Vorteil, viel auf einmal zu fassen, wodurch genaues und ruhiges Arbeiten ermöglicht wird. Das Filter spüle ich nach dem Ablaufen mit heißem Wasser mehrmals nach und werfe es dann fort. Der Platintiegel muß immer wieder ganz blank und rein sein! Das F i l t r a t, die abgelaufene Flüssigkeit, versetze ich mit einem Ueberschuß von Ammoniak, rühre gut durch und erwärme auf schwacher Bunsenflamme mit darüber gelegtem Drahtnetz. Das Erhitzen ist sehr wichtig; hierdurch scheidet sich nämlich jetzt das Eisenoxyd in braunen Flocken ab, und die übrige Flüssigkeit wird wasserhell.

Nach etwa 10 Minuten filtriert man die eisenoxydhaltige Flüssigkeit wieder durch einen großen Faltenfilter und spült nach dem Abfluß solange mit heißem Wasser nach, bis eine der durchtropfenden Flüssigkeit entnommene Probe im Reagensgläschen von etwa 1 ccm durch Baryum-Chloridlösung nicht mehr getrübt wird. Diese Probe muß man öfters nehmen, schütteln und zusehen, ob sich noch ein weißer Niederschlag von Baryumsulfat $BaSO_4$ bildet.

Die Baryum-Chloridlösung soll 10 g in 1 l destill. Wasser enthalten.

Tritt keine Trübung beim Probieren mit dem Reagensgläschen mehr ein, so ist aller Schwefel in der durchfiltrierten Flüssigkeit. Die Proben aus dem Reagensglase schütte man aber immer wieder in den Filter zum Filtrieren.

Die filtrierte Flüssigkeit, wozu natürlich nur destill. Wasser genommen werden darf, wird nun durch das viele Waschwasser etwas reichlich geworden sein, weshalb man gut tut, diese auf etwa 2—300 ccm einzudampfen.

Diese bis auf 300 ccm eingedampfte Flüssigkeit säure ich mit reiner Salzsäure an, bis sie, ordentlich durchgerührt, blaues Lackmuspapier deutlich rot färbt, und erhitze das Ganze zum Sieden.

Gleichzeitig nehme ich 20 ccm der schon oben erwähnten Baryum-Chloridlösung, erhitze ebenfalls zum Sieden und gieße beide Flüssigkeiten schnell zusammen und rühre um. Die vorher wasserklare Flüssigkeit wird sofort milchweiß; nach etwa 1 Stunde hat sich ein feines weißes Pulver in Form von Baryumsulfat niedergeschlagen.

Die obere geklärte Flüssigkeit ziehe ich vorsichtig ab, am besten mittels eines Hebers oder Gummischlauches, und gieße auf den weißen Rückstand nochmals 100 ccm heißes Wasser. Dann filtriere ich durch ein kleines, glattes Filter mit kleinem Trichter und spüle solange mit heißem Wasser nach, bis die zugesetzte Salzsäure ausgewaschen, bis sich also blaues Lackmuspapier durch die abtropfende Flüssigkeit nicht mehr rot färbt.

Auf den verwendeten Filter muß angegeben sein, wieviel Asche sie enthalten; solche Filter sind käuflich zu haben, die besten von Schleicher & Schüll, Düren. Das Filter lasse man etwas trocknen und glühe es dann samt dem darin enthaltenen Rückstand bis zur Rotglut in seitlich geneigtem Platintiegel.

Der Rückstand muß ein weißes Pulver ergeben, das nicht backen darf. Beim Ausglühen lockre man von Zeit zu Zeit die Masse mit einem Platindraht.

Den Rückstand wäge man auf der chemischen Wage, und man erhält so nach Abzug der Filterasche den Schwefelgehalt des Kieses nach folgender Berechnung:

100 Teile Schwefel binden 13,734 g Baryumsulfat,
1 Teil Schwefel bindet 0,13734 g Baryumsulfat.

Da ich zur Untersuchung nur $^{1}/_{2}$ g Kies nahm, muß ich die erhaltene Menge $BaSO_4$ mit 2 multiplizieren, und erhalte so die Prozente an Schwefel.

```
Beispiel:  BaSO4 = 1,75000
                 — 0,00414   (die Filterasche)
                   1,74586
                 ×       0,13734
                        6 98344
                       52 3758
                     1222 102
                     5237 58
                    17458 6
                   0,23977 64124
× 2 = 0,4795     = 47,95 % Schwefel.
```

**Kies-Abbrände.**

Abbrände, wie sie von den Röstöfen kommen, sind für die Schwefelkies verarbeitenden Fabriken nicht nur unnützer, sondern auch schädlicher Ballast, da die Bodenstellen, auf denen man Abbrände lagert, leicht infiziert und in der Nähe liegende Brunnen dadurch verseucht werden.

Wenn daher günstige Frachtgelegenheit vorhanden ist, sollte man die Abbrände an Hochofenbetriebe verkaufen. Die Hochöfen verarbeiten das darin enthaltene Eisen, legen aber Wert darauf, daß in den Kiesabbränden möglichst wenig Schwefel enthalten ist. Je mehr Schwefel darin enthalten ist, desto weniger bezahlen die Hochöfenbetriebe dafür. Ein gutes Abbrennen (1—$^{1}/_{2}$%) ist also für beide Teile nur vorteilhaft.

Die sorgsamst durchzuführende Untersuchung der Abbrände auf Schwefel, wovon mehrere Analysen im Monat zu machen sind, um dann das Durchschnittsmittel dem Käufer mitzuteilen, wird genau so ausgeführt wie bei den Kiesen.

Bei Umrechnung des Baryumsulfats in Schwefeleinheiten achte man nur darauf, daß man nur Zehntel oder Hundertstel von $BaSO_4$ erhält; man hat dann also mit 0,013734 zu multiplizieren!

Beispiel: $BaSO_4$ = 0,06879
— 0,00414 (die Filterasche)

0,06465
× 0,013734

25860
19395
4 5255
19 395
64 65

0,00088 790310

× 2 = 0,0017758 = **0,17 % Schwefel.**

**Untersuchung der Kiese auf Arsenik.**

Dasselbe Instrument wie bei Untersuchung von Braunstein kommt zur Anwendung.

Man fülle die Vorlage a mit 1 g gepulvertem Kies und 5 g Zinn, gieße darauf 150 ccm Salzsäure, worauf die Gasentwicklung beginnt. In den Röhren b befinden sich 50 ccm destilliertes Wasser, und daran ein Teilstrich, der bis 90 ccm anzeigt. Ich destilliere nun 40 ccm Gas über, also bis die Flüssigkeit in b bis zum Strich zeigt (90). Lasse erkalten, neutralisiere mit Wasserzusatz und Ammoniak. Säure wieder mit Salzsäure an, gebe etwas doppeltkohlensaures Natron $NaHCO_3$ hinzu und Stärkekleister. Dann titriere ich mit $^1/_{10}$ N.-Jodlösung bis zur Bläuung. Die Jodtitre geben den direkten Prozentsatz an Arsenik an (1—2%).

**Untersuchung der schwefligen Säure.**

Man nehme 10 ccm der schwefligen Säure $SO_2$, mische sie mit 100 ccm destilliertem Wasser und nehme davon wieder 10 ccm in ein Schälchen mit wenig Wasser. Diese 100 mal verdünnte Lösung versetze man mit etwas Stärkekleister und titriere mit $^{1}/_{10}$ N.-Jodlösung, bis die blaue Farbe stehen bleibt. Der Jodtitre $\times$ 0,32 zeigt Prozentgehalt an gesamt schwefliger Säure.

Um die $^{1}/_{10}$ N.-Jodlösung selbst herzustellen, nehme zunächst 25—30 g Jodkalium und löse sie in 1 l destilliertem Wasser auf; hierauf wiege genau auf der chemischen Wage 12,7 g Jod ab und schütte dieses hinzu. Die Flasche muß fleißig geschüttelt werden, bis auch jedes Jodblättchen gelöst ist; evtl. füge man bei schwierigem Lösen noch etwas Jodkalium nach.

Um Stärkekleister herzustellen, nehme 10 g Kartoffelstärke und schütte diese in 1 l Wasser. Unter fleißigem Rühren ist dieses bis zum Kochen zu erhitzen. Der fertigen Stärkelösung füge man zur besseren Haltbarkeit noch etwas chemisch reines Salz hinzu.

Ich habe also die gesamt schweflige Säure nach folgendem Beispiel erhalten:

Jodtitre: 12,3
$\times$ 0,32
2 46
36 9
3,9 36 = 3,93 % gesamt schwefl. Säure $SO_2$.

Dieselbe blaue Lösung benutze ich wieder, um die freie Säure, die Hauptsache beim Kochprozeß, zu ermitteln. Ich entfärbe die blaue Lösung zunächst mit 2—3 Tropfen einer Lösung von unterschwefligsaurem Natron im Wasser und gebe 2 Tropfen Phenolphtalein hinzu.

Titriere mit $^{1}/_{10}$ N.-Natronlauge (4 g Aetznatron in 1 l Wasser) bis zur stehenden Rötung.

Habe ich z. B. 20,9 ccm Natronlauge verbraucht, so sind davon erst die bei der ersten Untersuchung verbrauchten 12,3 ccm abzuziehen; das Resultat mit 0,32 multipliziert ergibt den Prozentsatz an **freier schwefliger Säure.**

Also Natronlauge:

$$\begin{array}{r} 20{,}9 \\ -\ 12{,}3 \\ \hline 8{,}6 \\ \times\ 0{,}32 \\ \hline 1\,72 \\ 25\,8\ \ \\ \hline 2{,}7\,52 \end{array} = 2{,}75\,\%\ \text{freie schwefl. Säure.}$$

Die Differenz von gesamt schwefliger Säure und freier schwefliger Säure ist die an Kalk gebundene schweflige Säure.

Also:

$$\begin{array}{r} 3{,}936 \\ -\ 2{,}752 \\ \hline 1{,}184 \end{array} = 1{,}18\,\%\ \text{an Kalk gebundene schwefl. Säure.}$$

Um den wirklichen Kalkgehalt zu finden, weiß ich, daß sich schweflige Säure und Kalk vereinigen wie 32:28.

Es ist also:

$$32 : 28 = 1{,}18 : x.$$
$$32\,x = 33{,}04$$
$$x = 1{,}03 = 1{,}03\,\%\ \text{Kalk.}$$

In 1 l $SO_2$ sind also jetzt enthalten:

39 g gesamt schweflige Säure ($SO_2$); davon
27 g freie schweflige Säure,
11,8 „ an Kalk gebundene schweflige Säure,
10,3 „ Kalk.

Louis Borchardt, Berlin SW 68, Lindenstr. 16-17.

Bei Fragen zur Produktsicherheit wenden Sie sich bitte an:
If you have any questions regarding product safety,
please contact:

Walter de Gruyter GmbH
Genthiner Straße 13
10785 Berlin
productsafety@degruyterbrill.com